保护自己
爱惜生命

儿童安全保护指导①

《保护自己 爱惜生命》编委会 编

阎素芬 编著

浙江摄影出版社

《保护自己 爱惜生命》编委会

主　任：孙国方
副主任：沈　波　钱志清　郑惠明
成　员：孙明霞　周志明　马冬娟　赵爱红
　　　　周　盼　沈佳音　郑树叶

责任编辑　王　莉
策划编辑　陈西泠
责任校对　高余朵
责任印制　朱圣学
装帧设计　汉　和
图书策划　杭州汉和
家长课堂专家支持　HnR 新升力

图书在版编目（CIP）数据

保护自己　爱惜生命：儿童安全保护指导 . 1 /《
保护自己　爱惜生命》编委会编；阎素芬编著 . -- 杭州：
浙江摄影出版社，2017.6（2018.11 重印）
　ISBN 978-7-5514-1880-5

　Ⅰ . ①保… Ⅱ . ①保… ②阎… Ⅲ . ①安全教育—儿
童读物 Ⅳ . ① X925-49
　中国版本图书馆 CIP 数据核字 (2017) 第 134072 号

BAOHU ZIJI AIXI SHENGMING
保护自己　爱惜生命
ERTONG ANQUAN BAOHU ZHIDAO ①
儿童安全保护指导①

《保护自己　爱惜生命》编委会 编
阎素芬 编著

全国百佳图书出版单位
浙江摄影出版社出版发行

地址：杭州市体育场路 347 号
邮编：310006
电话：0571-85159646 85159574 85170614
网址：www.photo.zjcb.com

印刷：杭州佳园彩色印刷有限公司
开本：787 mm×1092 mm 1/16
印张：5.25
2017 年 6 月第 1 版　2018 年 11 月第 2 次印刷
ISBN 978-7-5514-1880-5
定价：24.00 元

开首语

✿ 爱惜自己，爱惜生命。

─────────────

✿ 每一个生命都是珍贵的，任何时候，任何情况下，都不要轻易放弃生命。

─────────────

✿ 我们的生命是我们得到的最好的礼物，我们一定要珍惜和爱护它。

─────────────

序

每一个生命都是珍贵的

孙国方

儿童是人类的未来，是社会可持续发展的重要资源。儿童发展是国家经济社会发展与文明进步的重要组成部分，促进儿童发展，对于全面提高中华民族素质，建设人力资源强国具有重要战略意义。

儿童享有生存权、发展权、受保护权、参与权等权利。为了依法保障儿童的各项权利，必须切实落实儿童优先原则，切实提升儿童福利水平，提高儿童整体素质，促进儿童事业繁荣发展，推动儿童事业与杭州经济社会同步发展。

可爱的儿童应该生活在受保护的社会环境中。为了切实保护儿童，要尊重儿童意愿，遵循儿童发展规律，在制定法律法规、政策规划和资源配置等方面优先考虑儿童的利益和需求。

我们应该保障儿童的最大利益，促进儿童全面健康成长。在儿童成长的过程中，要从儿童的身心发展特点和利益出发处理与儿童相关的具体事务，保障儿童利益最大化。

　　我们正在努力完善和儿童有关的基本公共服务体系，确保儿童不因性别、民族、信仰、户籍、地域、受教育状况、身体状况和家庭财产状况受到任何歧视，保障所有儿童享有平等的权利和机会。

　　我们正在努力创造一个更加有利于儿童参与的社会环境，鼓励并支持儿童参与家庭、文化和社会生活，保护和激发儿童的潜能，畅通儿童表达渠道，重视吸收采纳儿童的意见，让儿童学会独立与自主。

　　我们正在努力地为社会可持续发展培养未来的接班人。

　　正如本书开首语所言："每一个生命都是珍贵的，任何时候，任何情况下，都不要轻易放弃生命。"可爱的孩子和负责任的家长们，生命是一个家庭能够得到的最好的礼物，是一个人能够得到的最好的礼物，我们一定要珍惜和爱护它！

大人们 孩子们

成年人作为孩子眼中的大人，应该对孩子承诺保护他们的安全，保护他们的生命！

家长要承担起孩子的监护责任，做个切切实实的监护人。

每一个陪伴孩子成长的大人，在孩子的成长过程中，要把孩子视作一个"人"，有心跳、有体温、有故事、有生命的"人"，会哭、会笑、会吵闹、会生病的"人"，而不是完美的"物"。

孩子和其他哺乳动物不同，他们需要待在大人身边很多年，需要大人的看护和照顾，直到成年才会照顾自己，才能自立。

儿童成长的过程中会有许多故事发生，这些故事组成了他们的人生，也成就了他们身边大人的人生。良好的人生体验能培养儿童的自信和能力。

儿童的行为，应以儿童的最大利益为首要考虑。

我国赋予儿童以下权利：

1.每个儿童均有固有的生命权。

2.最大限度地确保儿童的存活与发展。

《儿童权利公约》指出，儿童系指 18 岁以下的任何人。儿童时期是人类发展的关键时期。为儿童提供必要的生存、发展、受保护和参与的机会和条件，最大限度地满足儿童的发展需要，开发、发挥儿童潜能，将为儿童一生的发展奠定重要基础。

能够保护自己的常用电话

110 报警电话
119 火警电话
120 急救电话

危急时刻怎么办？

在危急时刻只有保持镇定，才能迅速找到自救互救的方法。

注意事项：

◆保持镇定，不要盲目采取行动。这一步最重要。

◆视事件性质拨打电话110、119或120，把时间、地点、事发情况说清楚。

◆若自己不能打电话，立刻请求身边的人打电话。

◆不要轻易和坏人搏斗，要以保护生命安全为首要原则。

◆遭遇不测时要保持体力，争取救援时间。

爸爸的电话要记住，不要告诉别人。
妈妈的电话要记住，不要告诉别人。
老师的电话要记住，不要告诉别人。

有困难时，可以给爸爸、妈妈、老师打电话。

接到爸爸朋友的电话，怎么办？
接到妈妈朋友的电话，怎么办？
接到自称是爸爸或者妈妈老乡、同事的电话，怎么办？
接到同学爸爸的电话，怎么办？
接到学校老师的电话，怎么办？

目　录

勇于救人的"最美妈妈"

　　2011年7月2日下午1点半，杭州的一处住宅小区内，独自留在家中的两岁女孩妞妞爬上了窗台。她手抓着栏杆，身子悬挂在十楼的窗户上。妞妞很快就抓不住了，她的整个身体渐渐向下滑落。楼下有几个邻居看到了，急得朝妞妞大喊："别动啊，别动……"两个保安跑了过来，急得手足无措，不知道该怎么办。这时，住在九楼的一个住户，搬了一把梯子想爬过去救妞妞，可是梯子太短了！就在梯子刚伸到妞妞脚下的时候，妞妞突然掉了下去。

　　心急如焚的邻居们觉得心被重重地砸了一下，跟着妞妞一个劲地往下掉，嘴巴张得大大的，脑子里一片空白。

　　紧接着发生的一幕，再一次让在场的人惊呆了。

　　正从楼下经过的一位女士，突然张开双臂，冲向妞妞即将落下的位置，在妞妞快落地的一刹那，用左臂硬生生接了妞妞一下。大家还没看清楚，就听到"砰"的一声，妞妞落了下来，压在了女士的左臂上。妞妞仰面躺在草地上，接妞妞的女士也被砸得昏倒了，两人都没了声响，这时，气氛静得可怕，周围的人都惊呆了。

　　过了一会儿，妞妞"哇"的一声哭了出来，所有人这才松了一口气。随后，妞妞及救人的那位女士被送到医院。

　　正是因为这位吴菊萍女士毫不犹豫地冲过去，奋不顾身地接了妞妞，妞妞稚嫩的生命得救了！而吴菊萍的左臂被瞬间巨大的冲击力撞成粉碎性骨折。从高空坠落的妞妞如果落在吴菊萍脖子上，她很有可能会高位截瘫，若落在她头上，她可能会当场死亡。

吴菊萍勇救坠楼女孩的事迹感动了全社会。素不相识的人们在妞妞居住的小区点燃爱心蜡烛，为妞妞祈福。医院全力抢救妞妞，治疗"最美妈妈"吴菊萍。经过医护人员 11 天的努力，妞妞终于醒了，意识开始恢复，会用微弱的声音叫"爸爸妈妈"了。

是勇于救人的"最美妈妈"吴菊萍保护了妞妞的生命！

飘窗的防护栏杆应该怎么做？

工程师建议：所有的房子，凡是飘窗都要安装保护栏杆。如果飘窗比地面高 45 厘米以上，保护栏杆从窗台开始算要做 90 厘米的高度，如果窗台位置低于 45 厘米，从窗台往上就要做到 120 厘米的高度。这个高度的防护栏杆，对小宝宝肯定是安全的，但是家里如果有大孩子，又比较调皮的话，还要再相应增加防护栏杆的高度。

坠落伤害约占儿童意外伤害的 34%，其中 65% 坠落高度大于 1 米。约有 78% 的坠落伤害属意外坠落。发生坠落事故的窗口或阳台通常是未封闭或没有安装保护栏杆的。

儿童坠落事故发生的原因主要有这些：

1. 儿童有喜欢攀爬的行为习惯。
2. 窗户没有护栏，阳台没有护栏。
3. 儿童的活动区离窗户太近，离阳台太近。
4. 儿童的床挨着窗户。
5. 儿童独自在家无人看护。
6. 窗户破损或窗户没有关好。

饮料瓶装化学品，害人啊

晚上10点多，6岁的月月和3岁的天天正躺在儿童医院急诊室的病床上输液。看着女儿和儿子惨兮兮的样子，妈妈太后悔了，后悔自己一时大意，造成两个孩子中毒。

月月的爸爸妈妈在镇上打工。6月5日，一家人应邀到亲戚家做客。

晚饭后，大人们在客厅聊天，月月、天天和亲戚家的两个孩子在一旁玩闹。玩了一会儿，月月对妈妈说有点口渴，天天听见也吵着要水喝。妈妈起身向四周一看，看见墙角放着两瓶矿泉水，于是走过去拿起一瓶矿泉水，拧开盖子递给月月，又拿起一瓶拧开盖子往仰起脸等着喝水的天天嘴里喂。

月月刚喝了一口就吐了，还不停地咳，接着就哇哇大哭起来。妈妈刚想训斥月月，天天也边咳边哭起来。

妈妈这才意识到情况不妙，急忙一边拍着天天的背，一边问月月："怎么了，怎么了？"

听到客厅的异常动静，正在厨房洗碗的女主人赶来，一看妈妈手里的饮料瓶，脸色一下子煞白："哎哟哟，这是香蕉水，香蕉水啊！去油漆用的。"

妈妈忙把瓶子凑到鼻子下闻了闻，果然有股刺鼻的味道，并不是自己以为的矿泉水。

　　所有的大人都围了过来，有的打电话叫出租车，有的去拿水给月月、天天漱口，有的忙着上网查询香蕉水的危害。男主人女主人急得团团转，不停地责怪油漆师傅把香蕉水放在矿泉水瓶里。月月爸差点要和月月妈打起来。亲戚家的孩子好奇地拿起饮料瓶在鼻子下嗅，被他爸爸一顿揍！

　　已经晚上9点多了，大人们觉得不放心，带着月月、天天去了医院。

医生检查后发现，月月有中毒迹象，因为香蕉水会对肝脏造成伤害，必须要给月月催吐洗胃。天天虽然喝进去的香蕉水不多，但咳得很厉害，医生给天天拍了胸片，发现已引起了吸入性肺炎。

医生说，月月和天天都要住院观察，起码要一个星期后才能康复出院，而且月月可能会有后遗症。

饮料瓶装化学品真是害人不浅！

知道 **多** 一点

各种药物、食物或其他物品，如杀虫剂，甚至蜡烛都是中毒事件发生的危害源。避免儿童中毒最有效办法是不要在家里放置危险物品。家里的小药箱、药瓶等要放在孩子拿不到的地方。要告诉孩子不要随意开药箱，要告诉孩子药片和药物糖浆不是糖果，不能自己拿药吃。饮料瓶里不要装其他液体，饮料喝完就把空瓶子丢掉。

家长课堂｜内心强大的
孩子都具备这项技能

故事 **3**

交警傅侃急送烫伤宝宝去医院

2015年4月的一天，杭州下沙大队月雅桥中队的交警傅侃正在德胜路乔下线执勤，他看到路边有一对夫妇，女的抱着孩子蹲在路边，孩子下半身没有穿裤子，男的站在边上。傅侃以为是妈妈在给孩子换尿布，所以没太在意。

过了一会儿，傅侃望见那两个人还在，而且看上去很着急，他有些不放心，上前查看。

见交警过来，两人焦急地问傅侃，在这里能不能打到车。原来他们的孩子被烫伤了，他们急着去笕桥的杭州烧伤医院。

傅侃仔细看了看孩子，吓了一跳。孩子的两条腿都被烫伤了，右腿肚上的皮肤已经掉了下来。

傅侃见孩子的情况很严重，立刻向领导汇报。经过领导批准，他让一家三口坐上警车，从幸福路上德胜快速路，然后走机场路赶往医院。同时，交警指挥中心给予帮助，沿路开通绿色通道，仅用了20多分钟，傅侃就把一家人送到了笕桥的烧伤医院。

原来，这对年轻夫妇是外地来杭打工的，住在下沙。当天孩子不慎打翻了热水瓶，热水倒在了裤子上。湿漉漉的裤子紧贴着孩子的皮肤，没有救护经验的爸爸妈妈怕孩子被热裤子捂着会烫得更厉害，就马上把孩子的裤子脱了下来，被烫伤的皮肤原本紧紧粘连着裤子，裤子一脱，烫熟的皮肤被撕下来了，孩子伤得更重了。

幸好傅侃迅速地把受伤的孩子送到了医院，孩子得到了及时治疗，脱离了危险。

爸爸妈妈要养成随时关紧煤气炉灶进气阀的习惯。

电磁炉的高温台面会造成烫伤，也会有触电的危险。

要调低热水龙头中的水温。

在家中使用烟雾探测器，配备喷洒灭火器。

家长避免在床上吸烟，尽量使用加装儿童安全装置的打火机。

养成每到新的住处就观察火灾逃生路线的习惯。

知道**多**一点

爸爸妈妈做饭的时候，小朋友不要在厨房里跑来跑去。厨房的地上往往有水渍和油渍，滑溜溜的，小朋友跑来跑去很容易滑倒，或者撞到在做饭的人，或者撞到橱柜边角，或者打翻热油、热汤、热粥。容易跌伤、烫伤、烧伤，还容易引起火灾。

和家人一起分担家务是每一个家庭成员的责任，但是有些家务劳动并不适合小朋友。所以，小朋友不要答应爸爸妈妈看管正在烹制食物的各种炉子，不要去端很烫的食物，特别是大盆的热汤热粥。

在学习烹饪的过程中，要有大人在场监护。穿的衣服不要过于宽大，特别是衣袖不要太长太宽松。宽松的衣服会在操作的时候带动锅碗瓢勺，打翻油盐酱醋，造成意外伤害。

煤气炉、电磁炉、煤炉，都不要靠近！

烧稻草、烧柴、烧煤的土灶，临时搭建的炉子，更不要靠近。

不要在炉子旁边游戏和奔跑。

身体着火立刻卧倒打滚，或用毯子隔绝空气，或用灭火器扑灭火焰。

万一被火烧到：

1. 灭火。
2. 冲水。冷水冲洗 15 分钟以上。冬天要预防水温过低引起新的伤害。
3. 打 120 急救电话。

正确做法有哪些：

1. 在确保自身安全之前不开始急救。
2. 不要在烧伤处使用膏剂、油、姜黄素或未经消毒的器材等。
3. 不要敷冰块，这会加剧伤害。
4. 避免长时间在水中冷却，这可能会导致低温症。
5. 不要自己弄破水泡。
6. 在接受医生的治疗之前，避免敷任何外用药物。

知道多一点

故事 4

买西瓜，却切掉了手指

一天，爸爸要去菜场买菜，7岁的儿子张阳跟着爸爸一起去。

爸爸买了鱼、排骨和各种蔬菜，两只手拎着。到了水果摊位前，爸爸问阳阳想吃什么水果，阳阳看了看琳琅满目的水果，指了指西瓜。爸爸说："那就买半个西瓜吧。"摊主拿出长长的西瓜刀，问爸爸："切多少？"爸爸说："不要太多。"摊主挑了一个西瓜，拿起西瓜刀。

这时，阳阳怕摊主切得太少，急忙从爸爸身边钻到了摊主身边，伸出手指给摊主比划切到哪里。这时候，西瓜刀已经切下来了，摊主看到阳阳的手指，立刻想收手，可手的惯性收不住，西瓜刀锋利的刀刃已经切向阳阳的手指。霎时间，阳阳伸向西瓜的右手食指被削得只连着一层皮。爸爸和摊主面对血淋淋的手指、血淋淋的西瓜，目瞪口呆。阳阳发出了撕心裂肺的哭声，周围的人都惊呆了。

阳阳被送到医院急救。医生说阳阳的手指要进行断指再植，还说幸亏有个围观的人是护士，及时处理了伤口，使只连着一层皮的手指得到了保护，否则后果不堪设想。

杭州各大医院的儿童门诊，每天都有儿童因为意外伤害就诊。溺水、交通事故、烧烫伤、切割伤、触电、食物中毒、高空坠落是最需提防的儿童"杀手"。

知道多一点

10 岁男孩救妈妈，
母子双双触电

　　某年 8 月 15 日晚，10 岁的羊羊为了救触电的妈妈，夺下妈妈手中带电的淋浴喷头，母子双双触电。

　　事情发生在 15 日晚上 7 点多，妈妈刚洗了碗，就进洗手间拿起了电热水器的喷头想用热水。突然她感到手很麻，大叫一声之后，就意识模糊了。听到妈妈的叫声，正在房间里看电视的羊羊跑了过去。

　　羊羊跑进洗手间，看到妈妈躺在浴室里面，手里拿着的喷头在流水。羊羊赶紧伸手，想拿开妈妈手上的喷头，可没想到他刚把喷头拿到手上，就晕倒了。

　　经过全力抢救，羊羊终于苏醒了，但意识模糊，右手上有一个鸡蛋大的伤口。妈妈经过抢救也苏醒了，手腕上也有一个伤口。

　　事后，妈妈一想起事情发生的经过，就泣不成声。

知道多一点

　　营救触电的人是有危险的。儿童千万不可以自己行动，再急也要寻求大人的帮助。

　　电源漏电，或者有人触电，要先关闭电源开关或拔掉电源插头。不能够直接救人，不能用手去拉扯触电的人，要防止发生再次触电。

1. 任何时候都不摸插头和插座，不摸电器。
2. 任何时候都不把手指插入插座孔。
3. 任何时候都不用小铁棒、铁丝等导电物体插入插座孔。
4. 任何时候都不用湿手触摸开关。
5. 任何时候都不用湿布擦电器。
6. 电闪雷鸣时不使用电器。
7. 牢记破坏消防设施是违法的行为。

阿普提示

安全用电标志标贴：

| 高压危险 | 禁止合闸 |
| 禁止攀登 | 有电危险 |

知道多一点

故事 **6**

洗了一个澡，悄然酿大祸

临近年关的一天晚上，杭州的气温降到了零摄氏度，丁阿姨一家三口准备洗漱休息。她先洗澡，男主人余师傅和儿子后洗澡。

丁阿姨一家租住的房子不大，出租房里简单地隔出了卧室、卫生间和厨房。厨房一边连着小阳台，一边连着卫生间，热水器采热用的是瓶装煤气，卫生间和厨房共用一扇窗。天冷，窗户和门都关得严严实实的。

忽然，丁阿姨听见卫生间"砰"的一声响，她闻声冲向卫生间时，卫生间的门已经被余师傅从里面打开，但是劲使得太大，一旁的脸盆都砸了下来。

这时，余师傅瘫坐在凳子上，一动不动。丁阿姨刚要把余师傅从卫生间里抬出来，就听见儿子说："妈，我眼睛发黑，看不清了……"儿子余刚的身体慢慢地软了下去，丁阿姨的身子也软软地没了力气。

丁阿姨模糊地看见，儿子向爸爸艰难地爬去，微弱地叫着"爸爸，醒醒"。丁阿姨已经迷迷糊糊了，但仍挣扎着打通了120电话。

丁阿姨一家被送到医院的时候已经昏迷，嘴唇呈反常的樱桃红色，瞳孔已放大，还呕吐过，这些都是一氧化碳中毒的症状。

连夜抢救后，丁阿姨暂时保住了生命，余师傅也被抢救了过来，遗憾的是才19岁的余刚却因抢救无效离开了人世。

丁阿姨事后回忆，从发现余师傅出事，然后儿子晕倒，再到她自己晕倒，只有短短几分钟时间。

爸爸妈妈
一起来

1. 浴室地面要铺防滑垫。

2. 浴缸要防滑，墙边要安装拉手。

3. 洗澡时浴室门不要上锁。

4. 家长不要将儿童单独留在卫生间或浴室。

　　煤气中毒，就是常说的一氧化碳中毒，最容易发生在冬天。

　　冬季取暖或使用煤气时，一定要注意室内通风换气，这是预防煤气中毒的关键。克服麻痹思想，房内生火取暖一定要安装排烟设备，并经常检查有无堵塞和漏洞。烟筒伸到室外的部分，最好安一个弯头，防止呛风倒烟。室内门窗不要关得太严，用煤气或液化气做饭烧水，也应严防煤气中毒，要注意管道有无漏气，不用火时，关紧送气阀门。

　　在充满煤气的房间内，千万不要使用任何电器，否则容易引起爆炸。

知道多一点

煤气中毒的类型有：

　　轻度：头痛眩晕、心悸、恶心、呕吐、四肢无力，甚至出现短暂的昏厥，但神志尚清醒。

　　中度：多汗、烦躁、走路不稳、皮肤苍白、意识模糊、困倦乏力、虚脱或昏迷，皮肤和黏膜呈现煤气中毒特有的樱桃红色。

　　重度：深度昏迷，各种生理反射消失，大小便失禁，四肢厥冷，血压下降，呼吸急促，会很快死亡。

出现这种情况不用惊慌，这样做：

1. 把窗户打开通风。脸朝向窗外大口呼吸，就会逐渐恢复正常。

2. 如果情况严重，要全身放松，平卧休息，把腿垫高。

3. 立即离开浴室，躺下，喝一杯热水，慢慢就会恢复正常。

4. 如果曾经出现过眩晕的情况，更要预防在前。

5. 洗澡前喝一杯温热的糖开水。

6. 浴室内要安装换气扇，保持室内空气新鲜。

爸爸妈妈
一起来

故事 **7**

"撕名牌"，自家门口出车祸

　　随着真人秀节目的热播，"撕名牌"游戏在中小学生中流行开来。"撕名牌"是在每个参加游戏的人后背贴上自己的名字，也就是"名牌"，玩的时候谁先把别人背上的名牌撕下来，谁就赢了。"撕名牌"游戏能锻炼肢体的灵活性，增强团队的整体协作能力，舒缓学习压力。

　　一天下午，在杭州临安的一户人家院子里，几个孩子追逐奔跑着玩"撕名牌"游戏。孩子们都像打了鸡血一样，你拉我，我拽你，拉扯在一起，9岁的男孩嘉嘉灵机一动跑出了院子，他觉得这样同伴们就撕不了他的名牌了。就在他兴高采烈地跑出院子时，一辆货车刚好从门口经过，"哐"的一声撞上了他。

　　嘉嘉倒在了地上，司机吓了一大跳，同伴们见状惊叫了起来。

　　嘉嘉被送到了附近的医院，医生检查后发现伤势太重，本地医院的救治力量不够。家人们把嘉嘉紧急送到了浙江大学医学院附属儿童医院。

　　经医院鉴定，嘉嘉的颅骨为开放性骨折，硬脑膜劈裂，达到重伤二级。

　　"撕名牌"游戏很有趣味，游戏的对抗性很强，玩的时候要选择宽敞的场地。不要在教室里玩，教室里很容易磕到碰到。不要在教学楼的走廊上玩，在走廊上"混撕"，会对自己和经过的同学造成安全隐患。不要在课间休息的短暂时间玩，课间休息时玩得太激烈，会影响下一节课的听课效果。游戏时不要穿戴有尖锐突起的衣饰，避免伤人，有意外发生时要及时送医。

知道多一点

知道
多一点

世界卫生组织的报告显示，道路交通损伤是全球青少年死亡的头号原因，是致病和致残的第二大主因，其导致的死亡率男孩是女孩的3倍以上。在学校周边建立安全步行区等，能使风险降低。

交通事故分为轻微事故、一般事故、重大事故和特大事故四类。

阿普提示

知道
多一点

儿童身材矮小，他们的视野不能越过小轿车、灌木，发现不了危险。正因为身材矮小，司机也很难及时发现他们。

儿童对声音的来源很难做出准确判断，即使听到了汽车声音，也要东张西望好几次才能够判断声音的来源。

另外，儿童很容易分心，往往沉浸在自己的乐趣当中，对道路上的危险视而不见。

家庭常见受伤地点：

"水火无情"的厨房。刀具、灶台不要让儿童够到。烹煮食物时，大人不要随意离开，离开前须将灶火关闭。热水、热粥、热汤不要放在儿童够得到的位置。小朋友不要在厨房玩耍，对开放式厨房的潜在危险要有预防措施。

"水电交加"的浴室。浴缸里的水深即使不足10厘米，也可能发生危险。不洗澡的时候要保证浴缸里没有水，水龙头要让儿童无法够到。平时随手关上浴室的门。热水器要防漏电。

"高高在上"的阳台。阳台上的洗衣机旁不放可以垫脚的东西。洗衣机里不要存水，尝试换用滚筒式洗衣机。洗衣机电源插头的位置设置得高一些。

"小零小碎"的客厅。不可将尖锐的东西随意放置在客厅，如剪刀、钩针、毛线针、叉子、铅笔等。不可将纽扣、珠子、硬币、坚果、药丸、弹珠、糖果、橡皮圈、拼图小方块等随意放置在客厅。

爸爸妈妈一起来

故事 **8**

大宝看妹妹 剪刀剪肚脐

一天上午，刚刚半岁的妹妹喝了奶睡着了。大宝要学习剪纸，妈妈就用新买的儿童剪刀教大宝练习。没一会儿大宝就学会了，剪得好开心。

妈妈要给奶奶打电话，怕吵到妹妹，就嘱咐大宝看着妹妹，自己到阳台上打电话去了。

　　大宝见妈妈叫自己看护妹妹，就一心一意地面对妹妹不敢眨眼，等了一会儿，妈妈没回来，再等一会儿，还没有来。大宝眼睛酸了，有点无聊。他一低头看见自己手里还拿着剪刀，就玩起了剪刀。在床上躺着的妹妹翻了一个身，小被子滑落下来，露出了圆滚滚的小肚子。大宝捡起被子想给妹妹盖上，看到了妹妹露出的肚脐眼。大宝一直对自己的肚脐眼很好奇，看到妹妹也有小肚脐眼，想看看里面会有什么，就用手里的剪刀去掏妹妹的肚脐眼。儿童剪刀的头圆圆的，肚脐眼太小塞不进去，他想着剪刀可以剪纸，是不是也可以剪开肚脐眼呢？试一试吧。

　　妹妹痛得哭起来，她小肚脐上的皮肉被剪掉了一小块！妈妈听到哭声忙跑了过来，看到这一场景吓得几乎昏过去。

　　妈妈赶紧拨打120电话，救护人员到达后对妹妹进行了紧急处理，并送到了医院。

　　现在，大宝已经知道剪刀可以剪纸，但是不可以剪小妹妹，不可以随便剪东西。

　　　　家长不要把幼儿的监护责任交给孩子，不要人为制造安全隐患。

　　　　爸爸妈妈是孩子的监护人，成年人是儿童的监护人，要切实承担起监护的责任。

爸爸妈妈一起来

故事 **9**

大宝喂小宝，小宝噎住了

　　星期天，妈妈喂小宝吃面条。小宝马上就 2 岁了，可喜欢吃面条了。喂到一半，妈妈听到手机响，一看，微信群里在发红包呢。妈妈一边点击未读消息一边说："我家小宝快过生日了，也要发红包了。"爸爸说："那你现在就发吧，多发点，我们家小宝那么可爱！"妈妈马上拍了一张小宝乐呵呵吃面条的照片，和红包一起发到微信群。

　　见妈妈在发红包，大宝悄悄地用手指捏起一根面条喂弟弟，弟弟哧溜溜把面条嗤进去了。大宝又捏了一根喂弟弟。妈妈发着红包，看了一眼大宝说："把手洗干净再喂弟弟！"

　　大宝喂得起劲，没有理睬妈妈，抓了一小撮面条又要喂弟弟。妈妈扭过脸来，正好看到，"啪"地打了一下大宝的手，想阻止大宝。大宝的手抖了一抖，面条掉到了弟弟脸上，就在嘴角边，说时迟那时快，弟弟把掉到嘴边的面条用小手一划拉，就划拉到自己嘴里了。

　　小宝吸了一半，眼睛瞪得大大的。大宝不理解弟弟眼里的意思，还想继续喂面条，但是弟弟的呼吸急促起来。妈妈一看，发觉不对劲，小宝被噎住了。

　　妈妈猛地跳起来，一把抱起小宝，从他嘴里往外抠面条。正在手机上玩游戏的爸爸听到声音，慢慢地抬起头来，有点搞不清状况。

　　妈妈冲爸爸大喊："快打电话！"

爸爸结结巴巴地问："打、打什么电话？"

妈妈拍着小宝的后背说："120！"

爸爸连忙拨打 120。

小宝"哇"的一声吐出来一堆面条，接着哇哇大哭。

120 来了，医生仔细听了听小宝的呼吸和心跳，表扬妈妈动作快，抢救及时。

医生再三叮嘱爸爸妈妈，小孩子的喉咙和食道比较窄小，容易噎食。给小孩子喂饭，一定要慢一些、少一些。还特别叮嘱说，绝对不要喂有核的东西。医生还需要给小宝做进一步检查，妈妈和小宝坐上救护车一起去医院了。

怎样预防异物卡喉窒息：

1. 食物要切成小块。
2. 学会充分咀嚼。
3. 热年糕、热汤团、软糖、瓜子、花生、果冻、豆粒是最容易噎住的食物。
4. 纽扣、珠宝、硬币、药丸、弹珠、果核、小拼图是最容易噎住的物体。
5. 孩子口中含有食物时，不要逗他，避免他大笑、讲话、跑、跳。

爸爸妈妈一起来

1. 不要单独让大孩子照顾小孩子。
2. 生活中要逐渐告诉孩子哪些事情会有危险。
3. 要告诉大孩子，哪些行为会伤害到弟弟妹妹。
4. 杜绝家中一切安全隐患。孩子间喜欢模仿和嬉闹，可能引发意外，必须预防。

家长课堂 | 引起孩子注意力问题的
原因可能没你想得这么简单

故事 **10**

家有两个宝，没头又没脑

    大宝趁妈妈不注意，拿棉签去捅小宝的鼻子，等妈妈发现的时候，小宝的鼻血都流下来了。

    小宝塞了颗豆子到大宝的耳朵里，后来豆子越来越大了，大宝的耳朵痛得厉害，被妈妈带去医院了。

    小宝尿床了，妈妈叫大宝用吹风机吹干尿湿的地方。大宝用吹风机一直吹，结果把床单烧着了。

大宝带小宝，小宝带小小宝

　　蔡家兄弟三人都在外打工。要过年了，兄弟们带着 5 个孩子回了老家。爷爷奶奶甭提多开心啦！但姐弟五人突然在一天下午集体失踪了。姐弟们发生什么状况了呢？

　　当天下午 2 点，13 岁的孙女和奶奶道了别，像往常一样，当大姐的她带着 4 个弟妹，去附近村子找同学玩。两个村相距不过 1 公里远，他们很开心地拥成一团出发了。

　　谁知 1 个小时后，大人怎么也找不到 5 个小孩。

　　亲友们和全村村民一块寻找。200 多个村民带着矿灯，将村子附近的山头逐个探查，忙到第二天凌晨，却什么都没发现。

　　公安局接到报案后，随即在各路口设卡盘查，并在网吧、村落、水塘、旅馆等处寻找。警方还带了警犬到走失现场周围嗅闻。过了好几天，才在村子的水塘里发现五姐弟的遗体。

　　经过反复勘查，警察确认 5 个孩子都是溺水死亡。

　　孩子们的落水点在村子里的水塘的一个坡面上。这个水塘坡面光滑，落水后不易爬上来。现场勘验发现水塘的坡面上有多处擦划痕，以及手印、鞋印等痕迹，这些痕迹说明孩子们在跌落到水塘后，曾努力地向上攀爬、求援过。但是孩子们单凭自己的力量终究不足以自救，5 个孩子没能够再上岸。

水深危险
禁止游泳

千万不要让哥哥姐姐承担照看弟弟妹妹的责任。

儿童必须由成年人看护，不得交给未成年人看管。

看护时要与儿童保持较近的距离，专心看护，不能分心。

爸爸妈妈

用力太猛，撞断牙齿要赔钱

拓展阅读｜解读孩子的攻击性行为

　　大千和小方是同班同学。一天课间休息时，大千正在和同学聊天，小方过来想跟大千说话，就推了一下大千，不料把大千推倒了。大千撞在窗台瓷砖上，"啪"的一声撞断了一颗门牙。

　　校医立即把大千带到医院检查。医生诊断，大千一颗牙的牙根断裂。由于年龄小，大千不能立刻植牙，在牙根重新长好之前，只能定期换药进行护理。为此，大千的父母和小方的父母发生了纠纷。

经过调解委员会多次调解，明确了事件的主要责任应由小方的家长承担。又经过调解员一次次地释法明理，双方家长对责任的承担有了清晰的认识。最终，由小方的家长支付大千的医疗费和一次性赔偿。

大千和小方的家长在调解协议上签了字，互相握手言和。大千和小方仍然是朋友，还在一个班级里学习，大千的牙还要继续治疗。

知道多一点

每年3月最后一周的星期一，是全国中小学生的"安全教育日"。

体育课安全知识：

体育课前做好体育课常规准备，根据体育课的内容和老师要求选择合适的运动服、鞋子。

体育课前如果身体不舒服，主动告诉老师自己的身体状况，预防伤害事故的发生。

体育课要做热身活动，老师带做的时候要认真配合。

没有做过的运动，注意克服恐惧心理。做的时候注意力集中，安全第一。

体育课上发生出冷汗、晕倒、抽搐等症状，立即报告老师，到校医务室检查，或者由校医陪同去医院检查。

体育课前后要喝水，及时补充水分。

体育课上如发生意外事件，要沉着冷静，不要乱跑。体育老师如果来不及报告学校、校医务室，同学要马上帮忙去通知校长、校医，但不要在经过其他教室的时候大喊大叫。

"以人为本，安全第一"，科学课老师签订安全责任书

秦皇岛某小学积极开展创建"平安校园"活动，切实保障师生安全，防止各类事故的发生。为了加强科学实验课的安全管理，确保学生安全，从2015年开始，学校与科学教师签订安全工作综合管理目标责任书。

科学课由该课教师负责具体管理，重点抓好科学实验的安全操作工作。

上课教师要学习各种实验工作规程，熟悉各种实验器材的使用，严禁出现因操作不当而导致的安全事故。要学习和掌握实验室伤害救护常识。教室内备有急救箱。

上课教师应在课前细心做好实验前的器材准备工作，对危险化学用品要严格配比。准备实验时要做好防护措施，实验装置要牢固稳妥。

上科学实验课时，一定要事先讲清实验规则。要组织学生对实验过程进行记录，学生应在教师指导下严格遵守操作规程，团结合作，不拿实验品开玩笑，同时做好实验用品的领出和归还记录。

学校禁止非上课的学生进入实验室。严禁任何人在实验室内抽烟、使用明火，离开实验室时一定要关窗锁门，切断电源。

知道多一点

实验室要避险

　　学校的实验室里，无论是老师进行演示，还是学生进行实验，在实验过程中往往会接触到一些易燃、易爆、有毒、有害、有腐蚀性的物品。即使是最简单的实验，也不能粗心大意。做好每一道工作，避免事故的发生。

1. 进行必要的防护。
2. 按照实验的性质和规律进行操作，不能省去必要的安全措施。
3. 充分做好事故预防措施。
4. 平时要经常检查。熟悉消防龙头、电气开关、灭火器的位置及操作方法。
5. 实验后的物品及器材处理工作要做好。重视废弃物的处理工作，重视实验室的整理。

危险物质：

　　危险物质，是指具有着火、爆炸或中毒危险的物质。不要在实验室以外的地方使用这类物质，也要避免这些物质在实验室里存留。

爸爸妈妈一起来

实验室避险的主要方面：

要防范着火。

要防范爆炸。

要防范中毒和化学灼伤。

要防范触电。

实验室消防灭火：

化学实验室一般不用水灭火！水会和一些药品发生剧烈反应，用水灭火会引起更大的火灾甚至爆炸。

实验室要防范触电：

不能用潮湿的手接触电器。

所有电源的裸露部分都应有绝缘装置。

已损坏的接头、插座、插头或绝缘不良的电线应及时更换。

必须先接好线路再插上电源，实验结束时，必须先切断电源再拆线路。

如果有人触电，应切断电源后再进行救护。

1. 严禁私自拆卸教室和实验室的电器、开关和插座。
2. 不得擅自从插座内引出电源接入其他用电器。
3. 要经常学习用电安全防范知识。
4. 要定期检测用电器是否漏电，触电保护器是否正常工作。
5. 遇突发性触电事故时立即切断电源（包括总电源）。
6. 遇紧急情况时立即用绝缘棒或非导电棍棒使触电人员与电源脱离，不得用手触碰触电人员。
7. 拨打 110 报警。
8. 拨打 119 呼救。
9. 拨打 120 呼救。

知道多一点

爸爸妈妈一起来

用电安全：
看清标识最重要，求救先打 **110**。

家长课堂｜担心孩子在学校里
会被欺负／防止校园欺凌

消防战士锯钢筋，救出调皮小学生

傍晚 5 点 43 分，消防中队接到报警，一个小朋友的头被卡在楼梯里了。消防战士在出警的路上就琢磨开了：小朋友的头，怎么会卡在楼梯里呢？

出事地点在一所学校空置的教学楼 3 楼。一个贪玩的小学生的头被卡在了墙体和楼梯栏杆下面的钢筋之间，小脸被夹得紧贴着墙，正哭得稀里哗啦的。

消防战士赶紧先安慰被夹的小朋友，随后拿出专业的液压扩张器，准备把卡住小朋友头部的钢筋切断。细心的战士担心操作过程中有碎铁屑伤到小朋友，拿出毛巾挡住了他的脸。过了 5 分钟，钢筋被锯断了，小朋友的头总算可以出来了，吓傻的他被战士抱了出来。

这时，围在一边的人松了口气。一名男子说："当时有好几个孩子偷偷跑到这里来玩，没想到他的头被卡在楼梯里了。有人跑来告诉我，我一看吓一跳，怎么卡成这样了，就赶紧报了警。"一旁的人说，这个小朋友今年 7 岁，在附近的小学读书。

被救出来的小朋友并没受伤，但受惊过度。消防战士问他到底是怎么被卡在楼梯里头的，他一句话也说不上来。

没多久，小朋友的爸爸妈妈心急火燎地赶到现场，一看孩子已被解救出来了，悬着的心总算放下了。

大伙说，这个年纪的小朋友最爱玩了，家长还是看紧点好。

故事 15

人多别拥推，校园事故可避免

深圳发生小学生踩踏事故

2013 年 4 月 17 日，深圳发生小学生踩踏事故，8 名儿童受伤，4 人伤势严重。

南京发生小学生踩踏事故

2015 年 11 月 9 日上午，南京市雨花台区一所小学组织秋游，四五十名小学生到浦口区一所商场内的游乐场游玩。乘坐电梯时，发生踩踏事故。

在操场或礼堂听到"解散"的口令，不要急于冲出人群，应按照老师指引的通道、方向散开。

在教室里听到下课铃声，不要急于冲出教室，冲到走廊上。

人多的时候上下楼梯要走右边，不要一排人边走边聊天。

不在楼梯或狭窄的通道中嬉戏打闹。

发觉拥挤的人群向自己的方向走来时，要立即避到一旁。如陷入拥挤的人流，要先站稳，抓住坚固可靠的东西慢慢走动或停住。

顺着人流走，不可逆着人流前进，否则，很容易被人流推倒。

鞋子被踩掉时，不要弯腰捡，不要去系鞋带。

不幸摔倒后，要设法靠近墙角，身体蜷成球状，双手在颈后紧扣以保护身体最脆弱的部位。

发现前面有人突然摔倒了，马上停下脚步，大声呼救，告知后面的人不要向前靠近。

知道
多一点

故事 **16**

电动车上摔下来,男孩没了妈妈

某天下午2点,拱墅区的一个加油站前,一个6岁小男孩哭得很伤心,他的哭声让每一个听到的人都心碎不已。就在几分钟前,一场从天而降的车祸,发生在他和他妈妈的身上。

在加油站的入口处,一辆9米长的红色大货车停着,一辆黑色的电动车倾倒在一边,货车车轮下似乎还有人。

发生了什么,男孩为什么哭得这么悲痛?

原来,红色大货车当时在路上由南向北行驶,正减速准备右转通过非机动车道,进入加油站加油。这时骑电动车带着儿子的妈妈也行驶到了加油站的入口处。

目击者说,电动车看见了这辆大货车,就想超越过去,加速通过加油站,没想到绕到车头附近时,两车相距太近了。货车虽然速度不快,但司机的注意力集中在看后视镜上,没有注意到右侧前方视觉盲区中的电动车,于是就撞上了。

电动车翻倒后,母子两人都摔倒在地。儿子被甩进了车底,妈妈摔在了货车车轮前。司机紧急刹车,但根本来不及,车轮的一部分压到了妈妈身上。

加油站的工作人员见状忙跑过去帮忙,这时小男孩自己从货车下的两个轮子中间爬了出来。一看见躺在车轮下的妈妈,小男孩马上就哭了起来。

　　大家赶紧拨打120，并联系母子俩的家人。他们被紧急送往医院救治。

　　事后，男孩回忆事发经过时说："当时车子右拐过来，妈妈躲闪不及撞到了车轮。我坐在妈妈身前，自己跳下了车，然而妈妈被卷进了车轮。"

　　6岁男孩永远失去了妈妈。

故事 17

四"脚"朝天，4 岁宝宝在车里

　　一辆黑色现代 SUV 和白色途观车在路口交汇时发生猛烈撞击，途观车被撞得底朝天。

　　当时，一辆现代 SUV 由西向东行驶时，一辆途观车正由北向南行驶，两辆车在交汇时"哐"的一声，发生了猛烈的撞击。

现代 SUV 的前保险杠，后视镜、车头大灯的碎片已经散落一地，那辆途观车车身被撞，整辆车被撞得翻了个身，底朝天。当时两车司机通过路口的时候都没有减速，所以撞得很厉害。

途观车里面有一个女子，还有一个小朋友。

车祸发生后，边上几名目击者赶紧上前，先把女子拉了出来。女子立即将后座儿童座椅上的小朋友抱了出来。原来途观车里是一对母子，小朋友只有 4 岁。妈妈明显吓坏了，紧紧地抱着孩子。小朋友也被突如其来的撞击和翻车吓得不轻。

尽管车子被撞得底朝天，但 4 岁的小朋友却没有受伤。说起原因，现场很多人都认为是安全带和儿童座椅发挥了大作用。

原来是儿童座椅保住了小朋友的生命！

很多时候，安全带在事故中起到安全固定的作用，既可以防止车内人员之间互相碰撞，也有效地把他们固定在车内，避免其他部件的撞击。

在高速公路上行驶的车辆速度较快，不系安全带很危险。

知道多一点

《杭州市道路交通安全管理条例》明确规定：

"12周岁以下或者身高低于1.4米的儿童不得乘坐前排座椅。""4周岁以下或者身高低于1米的儿童乘坐小型轿车时应当配备并正确使用儿童安全座椅，但是客运出租汽车除外。"

条例还规定，"机动车行驶时，驾驶人和乘坐人员应当按照规定使用安全带。"

阿普提示

知道多一点

汽车碰撞模拟实验：

实验人员用一个重75千克的假人代替儿童家长，给假人系好安全带，让其双手抱住一个假婴儿乘坐车辆。然后开始碰撞实验。

第一种情况：坐在后排，怀抱婴儿

碰撞发生时，假人怀中的假婴儿瞬间向前飞出。这是因为碰撞发生时，汽车以每小时30到50公里的速度撞击钢墙，产生了相当于自身30到50倍的力，一个重10千克的孩子，会产生300到500千克的力，而大人很难抱住300到500千克的物体，孩子会像子弹一样飞出去。

第二种情况：坐在前排，怀抱婴儿

发生碰撞时，汽车前排的气囊展开，抱在大人手中的婴儿比大人先触到气囊。这时候气囊会以每小时300公里的速度猛烈冲击孩子的头部，对孩子造成极大伤害。

第三种情况：儿童坐在后排，系着成人安全带

安全带是为成年人设计的，成年人的身高要比儿童高很多，儿童系上安全带后，安全带正好卡在儿童脖子的位置。在车辆发生碰撞后的惯性作用下，安全带勒到孩子颈脖，造成孩子窒息或者直接折断脖子。

故事 18

女孩骑车逆行,撞奔驰后吓哭

　　某年 3 月 17 日下午,一名女孩骑着自行车,为图方便,她很随意地在道路上逆行,导致别的车辆躲避不及,自行车撞上了一辆白色奔驰车。

　　奔驰车的油漆被剐蹭了,车主提出要赔偿,女孩顿时哇哇大哭起来。女孩用车主的手机给妈妈打了电话,妈妈在电话里听说女儿撞了汽车很着急,但是听说剐蹭的是奔驰车后,就不愿露面了。交警与女孩的妈妈在电话里再三沟通,她才同意过来处理。

　　经过协调,最终双方同意协商解决。

爸爸妈妈一起来

　◆车主的做法是故意刁难女孩,还是正当索赔?

　◆这场事故是不是可以避免?

　◆女孩的妈妈有没有要反省的地方?

　◆骑自行车时有哪些要注意的?

摩托车后座不得乘坐未满 12 周岁的未成年人。

驾驶自行车、三轮车必须年满 12 周岁。

驾驶电动自行车必须年满 16 周岁。

不能在道路上使用滑板、旱冰鞋等滑行工具。

不能在车行道内坐卧、停留、嬉闹。

不能追车、抛物击车。

阿普提示

交通意外伤害是少年儿童的头号"杀手"。中国每年死于交通事故的人数超过 5 万，其中 14 周岁以下的未成年人要占 10% 以上。

一旦发生交通事故，立即拨打 110 或 120 电话求救。

知道多一点

故事19

杭州的亲子公共自行车，为什么坏得特别快

"小红"是杭州市民对杭州公共自行车的昵称，很多市民已经把它当成出行必不可少的好伙伴了。

但是装有儿童座椅的亲子小红车很难租到，家有小朋友的市民想骑时就有点苦恼。

杭州公共自行车公司说，亲子自行车是为了照顾骑自行车带小朋友的爸爸妈妈，是公共自行车里的"专车"。但是有些市民把亲子小红车当成了自己家的小货车，在为儿童设计的小座椅上放重物，好端端的儿童小座椅成了一些人搬运货物的"杂货架"。亲子小红车没有做到"专车专用"，却变身成了小货车，这就是爸爸妈妈常常租不到亲子车的原因之一。

亲子小红车被当作小货车，超出了原来的承载设计，坏得特别快。如果维修人员跟踪检查有遗漏，没有及时查到损坏的车辆，就有可能酿成事故，骑车人和小朋友的人身安全就存在隐患。

2009年8月就发生过一起事故。一辆亲子小红车的后座有两颗螺丝松动，儿童座椅突然脱落，坐在上面的3岁小男孩摔了下来，后脑勺着地，造成轻微脑震荡。

按照设计，后座是给3至4岁小朋友坐的，小学生请不要乘坐。

爸爸妈妈
一起来

为什么小学生不能坐亲子小红车的儿童座椅？

12周岁以下不能骑共享单车!

"小黄""小白""小蓝"是市民对各种颜色共享单车的昵称。骑着小黄、小白、小蓝去上班、上学、游玩,既方便又省钱环保。

根据《2016年中华人民共和国道路交通安全法实施条例》第七十二条规定:"驾驶自行车、三轮车必须年满12周岁。"所以,提醒家长不要给不满12周岁的儿童租用共享单车。

阿普提示

车祸：全世界每年有 26 万孩子死于交通事故，也就是平均每天有 700 多个孩子死于车祸。交通事故是 10 至 19 岁孩子最大的意外死亡杀手，这还不包括每年有上千万的孩子在交通事故中受伤或致残。大部分孩子是在乘汽车时遭遇不幸的，而有些孩子是在步行或骑自行车时死于非命的。中国每年死于交通事故的人数超过 5 万，其中 14 周岁以下的未成年人占 10% 以上。

知道
多一点

《中华人民共和国道路交通安全法》对"道路"的定义是"公路、城市道路和虽在单位管辖范围但允许社会机动车通行的地方，包括广场、公共停车场等用于公众通行的场所"。

行人要在道路右边的人行道上走。横穿车行道时，要走斑马线。

阿普提示

爸爸妈妈一起来

不要在车辆临近时突然横穿马路。有人行过街天桥或地道的，要走人行过街天桥或地道。

不能随意跨越车行道和铁路道口的护栏。

过马路不要只注意一个方向而不顾另外一个方向。

骑自行车拐弯前要减速慢行，并向后瞭望、伸手示意，不准突然猛拐。

骑自行车超越前车时，不能妨碍被超车的行驶。

骑自行车时不准双手离把或攀扶其他车辆，更不准手中持物。

骑自行车时，不准几辆车扶身并行、互相追逐或曲折竞驶。

骑自行车不逆向行驶，不骑车带人。出入校门时要下车推行。

无论什么时候都不能闯红灯。

刘翔不好当，跨栏易受伤

为了减少事故，聪明的交警叔叔想到了制作"卖萌"交通警示牌的办法。

"刘翔不好当，跨栏易受伤"的标语出现在了温州的交通警示牌上。交警叔叔设计了这款标语提醒市民，让大家注意安全。

刚要抬腿跨过护栏的一名男士看到了警示牌，便收回腿，原地站定认真看了看，心里有点感触，转身通过斑马线穿过了马路。一名女士正要随意过马路，看到标语，心里一惊，转身向人行横道走去。

潇洒跨栏，当心事故

一天，一幅突然出现的画面让路人吓出一身冷汗：市中心，车辆川流不息的马路上，一名个子矮小的男子的双腿被卡在了护栏中，男子整个身体往后倾，就快要倒地时，他的双手紧抓住护栏不放。

他的同伴见状，使劲将男子的腿抬过护栏，试图让他顺利翻过。最后，男子脚朝天一个倒栽葱！路人不由得尖叫起来。

幸好没出大事故。

2015年9月24日下午，厦门，一名女子一只脚跨在护栏上，一只脚落在地上，半身挂在路口的护栏上，一动不动。待急救人员到达后检查，确认女子已没有生命迹象。警方对现场勘验后认定，这名女子是因为翻越护栏时不慎摔倒，头磕碰到地面致死的。

故事 **22**

私自进入游泳池，溺水就在一瞬间

2016年暑假里的一天，四川的一名妈妈帮助三个男孩、两个女孩偷偷翻越栅栏溜进尚未营业的游泳池游泳。泳池周围围了1米高的铁栅栏，这个妈妈就在铁栅栏的一边看着孩子们。

10多分钟后，泳池经营者骆先生收到保安"有人翻入游泳池"的报告，赶到泳池边，想让孩子们上岸。这个妈妈说再游几分钟就回家，有她在现场看着，不会有什么事。结果刚为孩子们支付完游泳费，妈妈抬头就发现两个女孩在深水区溺水了。

当时收费的窗口距离游泳池大约2米，收费过程中，两个大人都没有发现游泳池有异常，也没有听到任何声音。

两个溺水的孩子被骆先生救上岸后，抢救了10多分钟，后被120送往医院。

爸爸妈妈
一起来

很多时候，只因接听电话、看微信、打游戏，或去一趟洗手间，孩子就溺水了。一旦发生溺水，只要3至5分钟就可能造成不可逆的生命损失，而且发生时悄无声息，不易被发现。在影视作品中，溺水的人会在水中挣扎并大声呼救，然而实际生活中，大多数溺水的人都是迅速并无声地沉入水底，并没有机会呼救。

会游泳的小孩也会发生溺水，家长也不能放松警惕。

家长要和孩子一起学习识别险情、紧急避险和遇险逃生的安全知识。

加强对孩子的防溺水知识教育，决不允许孩子在节假日和上学、放学路途中私自或和其他小伙伴结伴去池塘、水库、江河等水域附近玩耍、洗澡、游泳等。要落实好对孩子的监管。教育孩子按时到校、回家。节假日对孩子的活动去向更要多加关注，不得让孩子参加有安全隐患的活动，发现孩子随意外出时，要及时寻查去向。

如果一位家长带领多名小朋友游泳，那么这位家长对这些小朋友都有保障安全的义务。

阿普提示

去游泳池游泳应该注意什么?

游泳前,应做好热身运动,防止进入水中后发生肌肉不适导致抽筋等情况。

游泳前,应听教练指挥,认真学习相关安全知识,严禁在无人看管的情况下随意进入泳池,特别是深水区。

在游泳池边不可奔跑或追逐,以免滑倒受伤。

在游泳池边不可随意推人下水,以免撞到他人或撞到池边而受伤。

不可以跳水。游泳池部分区域水深不足,跳水容易造成颈椎受伤,严重的会导致瘫痪。

不可以潜水。潜水后发生溺水更不容易被发现。

游泳时,不可将他人压入水中不放,以免导致他人因呛水而窒息。

游泳时,已有寒意时,或有抽筋征兆时,应上岸休息。

若在水中感到自己体力不足,无法游回池边时,应立即举手求救,或呼叫"救命"等待救援。

小朋友若发现有人溺水,应即刻发出"有人溺水"的呼救,寻找救生员、家长、附近的成年人请求帮助,不可贸然下水施救。

知道多一点

故事 **23**

孩子，请别到河塘里游泳

　　2010年6月15日，余杭仁和镇11岁的小戴和小伙伴游泳嬉戏时不慎溺水身亡。这是2010年余杭区发生的第16起未成年人溺水事件。7月3日，杭州下沙又有1名小孩溺水身亡。

儿童溺水事件里，如果是因游泳、嬉水等原因落水的，大多是2人以上。一起玩的孩子中一人先落水，另一个人就想去救，会很自然地伸手去拉，结果拉人的孩子一下子就被拽到了水里，边上其他的孩子或许又去拉，也跟着被拉下水。

广东曾经发生过一起事件：一个小朋友到水库边洗手不慎滑入水中，他的爸爸妈妈、兄弟姐妹及其他亲戚共7个人试图自行救援，却全部不幸溺亡，其中有2名中学生和1名小学生。

爸爸妈妈
一起来

知道
多一点

几个小伙伴一起嬉水时，如果有伙伴滑倒落入深水中，一同玩耍的伙伴会很犹豫到底要不要呼救。他们害怕一旦呼救的话，会被大人发现是偷偷跑出来嬉水而被责骂，所以在岸上的小伙伴可能不会向大人求助，以至于落水的伙伴得不到救助而溺亡。有的甚至回家后仍然不敢告诉家长，几天后在警方、家长和老师的再三询问下才说出实情。

　　家长不要带孩子去自然水域，如深潭、池塘、水库游泳嬉水。请不要随意让孩子下水。

　　要选择有救生员的正规游泳池，到浅水池下水。

　　孩子游泳要有家长陪同，下水前做好热身活动。

　　听从救生员的管理。在游泳池边和泳池里追逐打闹、推搡、泼水等都是危害他人安全的行为，跳水、潜泳等都是危险动作。

　　如遇小伙伴溺水，请勿轻易下水，要立刻向成人呼叫求助。

爸爸妈妈
一起来

知道
多一点

　　意外死亡儿童（1至14岁）当中，溺水死亡的比例很高。据分析，小学二至四年级的男生中，留守儿童和外来务工人员的随迁子女是发生溺水事故的高危群体。高发时段是春夏相交的5月中下旬到暑假期间，时间主要集中在下午2点到3点。

打火机玩出火灾来

　　快到午饭时间了，王伯伯突然听到外面有小孩的哭喊声，王伯伯以为对面邻居家的两个男孩子又打架了，就没有放在心上。过了一会儿，他忽然听到对门家的奶奶在喊"救火、救火"，还夹杂着混乱的声音。王伯伯急忙打开门，只见有烟雾从对门家的门缝里钻出来，鼻子也闻到了一股焦味。王伯伯赶紧敲门，门没锁，于是使劲拉开门，一股更大的烟雾扑面而来，王伯伯被呛得连连咳嗽。

　　只见客厅里一个火球在乱跳乱跑，原来是邻居家的小浩，他身上的衣服被火烧着了！小浩奶奶正拿着一盆水对着小浩，准备浇到他身上。一旁的小浩哥哥炎炎，站在墙角不说话。王伯伯一把抓起沙发上的大毯子，扑倒小浩，用毯子连头带脚裹住小浩，把他身上的火弄灭。奶奶见状忙把那盆水倒在一旁开始燃起来的衣物上。王伯伯不敢松手，仍然用毯子裹着身上冒烟的小浩，一边冲着听到声音跑进来的邻居喊："快打119！快打119！"邻居赶紧拨打了119，又打了120。

　　一团火球的小浩原来是炎炎点火烧起来的。炎炎和小浩两个小兄弟在家里玩的时候，炎炎偷偷地用爸爸的打火机啪嗒啪嗒打火玩，玩着玩着不过瘾，就想烧点什么试试，4岁的弟弟小浩见打火机一打就会有火苗蹿出来，觉得非常有趣，走过来想要炎炎手里的打火机。炎炎想逗弄弟弟，就用打火机对着小浩伸过来的小手上的袖口打火。没想到，衣袖立刻燃了起来，结果酿成大祸。

弟弟小浩全身 30% 二度烧伤，他每天都在噩梦中哭喊着惊醒。烧伤的治疗很痛苦，小浩的手脚被固定在医院的床上无法动弹。今后他的脸上和身上还会留下无法完全消除的伤痕。

如果不是王伯伯机智地救下小浩，不知道还会有怎样可怕的后果。

家长课堂 | 躲在你和孩子
身边的"隐形"杀手

爸爸妈妈
一起来

防火安全：

保持冷静最重要，求救先打 119。

知道
多一点

　　对于儿童来说，烧伤主要发生在家庭中。
儿童往往在家庭厨房中被烧伤，其原因包括打
翻装有高温液体或有火焰的容器，或烹调时炉灶爆炸。

水火最无情

爸爸妈妈一起来

世界卫生组织估计，每年约有 26.5 万人死于烧伤。烧伤是导致 1 至 9 岁儿童死亡的重要原因，同时还是非致命儿童伤害中的第五大常见原因。但是烧伤也是可以预防的。

1. 发现家里有煤气（液化气）味，立刻逃离现场。
2. 报警。
3. 让消防员关闭炉火或煤气（液化气）开关。
4. 通知爸爸妈妈，找物业管理人员。
5. 家用电器着火后立即关闭电源，拔下电源插头。
6. 纸、木头、布起火时可用水浇灭，电器、油、酒精着火时不能用水浇。
7. 发生火灾时，用湿毛巾捂住口鼻，向火源的相反方向弯腰匍匐逃生。
8. 无路可逃时，躲到卫生间，用毛巾塞紧门缝，打开水龙头，也可躺在放满水的澡盆里躲避。
9. 身上着火时不脱衣，就地打滚灭掉火。
10. 逃生后，绝对不要返回家里取任何东西。

知道多一点

66

知道 **多**一点

火灾预防要谨记：

1. 使用质量合格的加热电器，使用前检查加热电器是否有异常。

2. 使用加热电器时，人要在场，不用时关闭电源。

3. 使用加热电器时，要远离易燃物品，如窗帘、棉被、衣服和图书报刊等。

4. 外出时切断加热电器的电源。

5. 长假期间出门时，关闭门窗，清空露台上的杂物，以防高空烟火落入而引发火灾。

6. 为家里装上烟雾报警器。家用烟雾报警器早已被国际上证明可有效报警，降低火灾对生命的威胁。

7. 在火灾事故里，儿童很容易受伤害。玩烟花爆竹，玩火，帮助大人做饭，都是受伤害的起因。

8. 在火灾事故里，对儿童危险最大的是"烟"，其次才是"火"。吸入大量的有害烟尘，才是他们致死的主要原因。

故事 25

双喜临门，烟花酿大祸

　　乐乐家的大门上贴了红彤彤的"福"字。今年乐乐家刚搬进新家，今天又是农历大年三十，亲戚们都带着孩子来到乐乐家欢度新年。乐乐和兄弟姐妹们在客厅里跑来跑去，家里喜气洋洋的。吃完年夜饭，乐乐的叔叔说要燃放烟花庆祝庆祝。乐乐的妈妈赶紧阻止说："不要放烟花了，小区禁放烟花爆竹。"叔叔说："不要紧，我会当心的，我在远一点的地方放没有关系。双喜临门，不放烟火怎么行！怕你们没准备，烟花我都带来了。"乐乐和兄弟姐妹们在一旁叫着："我们要放烟花，叔叔带我们去放烟花！"

　　不由分说，叔叔就带着孩子们下楼到他的轿车里拿烟花了。

　　爸爸想跟下去，被妈妈叫住："你不要去，先洗碗吧，等下烟花放完一起看电视。"

　　"砰！砰！砰！"美丽的烟火在草坪上空绽放。就在大家仰头观看欢呼时，有一枚烟花弹发出炸响，烟花底座被炸开，烟花弹四散开来，向围观的人群发射过来。乐乐和兄弟姐妹们吓得一阵慌乱，四处逃散。烟花爆响发出的声音、车窗玻璃破碎的声音、小朋友的惊叫声混在一起。等到烟花散尽后，大家这才发现乐乐在逃跑时滑倒，头撞到了大石头，还被多人踩踏。

　　叔叔赶紧打了120急救电话，乐乐被送到了医院。但是乐乐身体多处严重受伤，一直处于昏迷中。

　　叔叔悔恨自己没有把禁放烟花爆竹的规定当一回事，恨不得能够时光倒转，没有放烟花这回事！

　　爸爸妈妈悔恨自己没有坚决阻止叔叔燃放烟花，悔恨没有坚决阻止乐乐去看烟花。

　　寒假结束了，同学们都背着书包去上学了，乐乐还躺在医院的病床上没有醒过来。

爸爸妈妈一起来

别人在燃放烟花爆竹时要避开，不要靠近凑热闹，更不要把脸或手放在烟花爆竹的上面。

有人点燃已点但未响或未燃的烟花爆竹时是非常危险的，请马上逃开，或者就近躲避。

碰到这些情况要阻止，或者赶紧躲避：

在居住区燃放烟花爆竹；

在马路上燃放烟花爆竹；

在办喜事的时候燃放烟花爆竹；

在干枝叶、稻草上点燃烟花爆竹；

把没有爆炸的烟花爆竹捡起来放进口袋里。

家长课堂|心理创伤离
我们的孩子有多远？

故事 26

1厘米的裂缝
也会引起燃气爆炸

2月15日早晨6点27分，住在3楼的高先生在睡梦中突然听到"嘭"的巨响。"地震了？"高先生吓得一骨碌从床上爬起来往外跑。跑到楼下，见有不少居民聚集在一起，他们都听到了巨响。一打听，才得知是同单元14楼的住户家发生了爆炸，门窗都已炸裂，小区的广场上散落着玻璃、铝合金门窗、木板等碎片。

消防员到达后，现场已经没有明火了。经过专业检查，这次事故是由天然气泄漏引起的，燃爆点位于厨房。爆炸现场的地面七零八落地散落着炸裂的木板，锅碗瓢盆也散落在四处，油烟机外部被炸开了。所幸没有人员死亡，邻居也没有受到影响。

据了解，住户颜先生的面部、颈部、双手和双前臂，共有7%面积的浅二度烧伤。因为颈部烧伤后发生肿胀，影响呼吸，需要医护人员时刻观察。

事发后，燃气公司的工作人员对天然气设施进行了检查。从现场来看，是热水器和天然气管道的连接管产生了1厘米的裂缝，从而导致天然气泄漏。

据专业人员介绍说，天然气爆炸要具备三个条件：密闭的空间、天然气泄漏达到一定的浓度、遇明火。这次事故可能是泄漏达到一定的浓度，遇到明火或电火花后才发生的。

　　燃气公司的专业人员在检查中还发现，有裂缝的连接管并非由燃气公司安装。在用户业务办理登记上，并没有这家用户的维修记录。从现场看，热水器连接管的材质是不锈钢，不是天然气的专用管，有可能是用户更换热水器时一起更换了管道。

　　工作人员提醒，天然气管道应由燃气公司专业人员统一安装，并使用标准的连接管。

杭州燃气服务热线号码
0571-967266

知道
多一点

煤气泄漏后只要几分钟就可能导致爆炸。

平日应与家人预先模拟火灾逃生计划，一旦发生意外，应循一定路径逃生，并约定会合地点。

家里应准备一个小型灭火器，放在厨房或者客厅里，要随时能够拿到。

定期检查电器、电线及接驳燃气的胶管，有损坏时要立即更换。

万一身体被火烧到怎么办：

灭火。身体着火以后立即卧倒打滚。

冲水。如果爆炸事发后烧伤面积比较小，可以先用凉水冲。如果有衣服覆在烧伤位置上，冲完再解掉衣服，并将伤处用凉水浸泡或用湿毛巾敷。冷水需冲洗15分钟以上，但要注意持续冲冷水可能会造成低温症。

烧伤面积比较大、伤势严重时，应该第一时间拨打120求助。在120急救车上就可以先采取一些救护措施。